LA COLONISATION

GUIDE DE L'ÉMIGRANT

EN

ALGÉRIE

Notice sur l'émigration — Géographie agricole

PRODUCTIONS -- STATISTIQUE

D'APRÈS LES DOCUMENTS LES PLUS CERTAINS

Par Noé GEPH

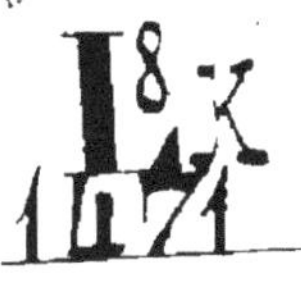

COSMOS, ÉDITEUR, 58, rue Montmartre
PARIS

LA COLONISATION

GUIDE DE L'ÉMIGRANT

EN

ALGÉRIE

Notice sur l'émigration — Géographie agricole

PRODUCTIONS -- STATISTIQUE

D'APRÈS LES DOCUMENTS LES PLUS CERTAINS

Par Noé GEPH

COSMOS, ÉDITEUR, 58, rue Montmartre
PARIS

PRÉFACE

Cette brochure a surtout en vue l'intérêt de la France, la prospérité de l'Algérie et le bien-être de nos compatriotes.

Nous nous sommes proposé de montrer les avantages que l'Algérie peut procurer aux Cultivateurs, aux Vignerons, aux Jardiniers, aux Industriels et aux Artisans qui ont l'existence difficile et l'avenir incertain en France.

Il est évident que dans un livre de quelques pages il n'est pas possible de donner une connaissance complète et approfondie d'un pays presque aussi grand que la France et dont les innombrables ressources présentent un vaste champ d'exploitation au triple point de vue agricole, industriel et commercial.

Le Français est, dit-on, casanier et peu entreprenant; il quitte difficilement son pays natal quelque pénible que soit sa situation matérielle; on lui conteste la qualité de colonisateur. La véritable raison, c'est que la France est une contrée exceptionnelle, à grandes ressources; c'est un pays d'immigration, les étrangers y abondent. L'Émigration n'y est pas de nécessité absolue, comme chez certaines nations voisines. Mais il n'est pas moins acquis que la race française a des aptitudes naturelles pour l'émigration et la colonisation. Dans toutes les contrées où elle s'est implantée, elle a laissé des traces profondes et durables.

Convaincre les hésitants, encourager les timides, montrer à tous qu'avec du travail, de l'économie et de la volonté on est sûr de trouver en Algérie une aisance honorable; et si ce n'est la fortune, tout au moins la possibilité de créer un patrimoine à ses enfants, tel est le but des renseignements que nous avons réunis dans cet opuscule.

Nous serons suffisamment récompensé de nos efforts, si la conviction qui nous anime passe dans l'esprit de nos lecteurs, et si nous avons intéressé et éclairé les personnes qui désirent s'expatrier pour chercher bien-être, prospérité et fortune.

L'ÉMIGRATION

SES CAUSES & SES EFFETS

De tous temps, les peuples et les individus ont cherché à se procurer, par le déplacement, une situation meilleure qu'ils ne pouvaient trouver dans leur pays natal.

L'émigration est une nécessité dans les contrées dont l'excès de population a pour effet d'augmenter les difficultés de l'existence. Il en résulte que les nations les plus prolifiques, comme l'Allemagne et la Chine, ou persécutées et asservies, comme l'Irlande, sont aussi celles qui fournissent les plus forts contingents à l'émigration.

Les émigrants en portant leur travail, leurs aptitudes dans les pays moins peuplés, inhabités même, donnent naissance à une prospérité d'autant plus rapide que le sol est plus riche et les éléments plus favorables. Il est donc de la plus haute importance de faire un choix judicieux des pays d'immigration qui présentent le plus de ressources et toutes garanties de succès. Pour cela il est indispensable de les bien connaître, de les étudier sérieusement au point de vue que l'on envisage, de lire les ouvrages impartiaux qui n'ont pas été écrits pour les besoins de la cause. De cette façon, les émigrants ne seront point victimes de renseignements erronés et mensongers de la part de personnes intéressées, et ils éviteront le renouvellement des cruelles déceptions de ceux qui, loin de leur patrie, se trouvent sans protection, sans secours et sans argent.

La terre promise, le pays de cocagne, le paradis terrestre qu'on fait entrevoir dans les pays étrangers d'outre-mer sont autant d'éxagérations, d'utopies même, destinées à satisfaire quelques intérêts individuels, et dont tout bon père de famille doit se défier. Et cependant la plupart de ceux qui émigrent s'imaginent qu'il suffit de s'expatrier pour trouver une existence meilleure et plus facile. C'est là une erreur profonde, cause des mécomptes qu'ils éprouvent. Evidemment on a vu des émigrants partir à l'aventure, sans but arrêté, et faire fortune; mais c'est l'exception, elle confirme la règle.

L'émigration bien comprise et bien pratiquée est à la fois favorable aux pays trop peuplés et à ceux qui manquent de bras.

Ces réfléxions s'appliquent à toutes les professions, à toutes les situations, mais plus spécialement aux travailleurs agricoles.

Dans la vieille Europe, les peuples sont à l'étroit;

les productions de la terre ne suffisent plus à sa population toujours croissante.

Par suite de certaines circonstances politiques, économiques et sociales, le commerce, l'industrie, l'agriculture surtout souffrent et languissent. Le cultivateur, l'homme des champs, l'ouvrier ont une existence pénible.

Presque tous les Gouvernements européens se préoccupent de cette situation et cherchent à étendre leurs colonies pour créer de nouveaux débouchés et déverser le trop plein de leur population.

Quoique en France, nous jouissions d'un bien-être relatif, peut-être supérieur à celui de quelques nations qui nous jalousent; il n'est pas moins vrai que nous subissons la loi générale, dans une mesure plus restreinte, sans doute, que l'Allemagne et l'Italie, et cela pour plusieurs raisons : La France n'est pas un pays prolifique; son climat, ses richesses naturelles produisent bien des hésitations et arrêtent l'expatriation. Malgré cela l'émigration devient pour nous une obligation, dont il faut se préoccuper. On constate en effet, que le nombre des émigrants augmente chaque année. Un grand nombre, sur la foi de promesses magnifiques, mais fallacieuses, se portent vers les contrées lointaines et étrangères où trop souvent la fortune rêvée fait place à de cruelles déceptions et à d'amers regrets !

Pourquoi ce courant vers des pays inconnus, quand la France possède des colonies que certains de nos voisins envient; colonies qui n'attendent que des bras et des volontés pour produire ? Pourquoi délaisser l'Algérie, *cette deuxième France,* qui offre des ressources incalculables au point de vue agricole, industriel et commercial ? Pourquoi les populations agricoles et viticoles si cruellement éprouvées depuis plusieurs années n'utilisent-elles pas une terre si fertile et si capable de changer leur gêne et leur misère en aisance et en fortune ?

On dit que le Français n'aime pas à s'expatrier; qu'il abandonne difficilement le pays natal ; mais l'Algérie, c'est le prolongement de la France, elle forme des départements français, on y parle français, on y trouve les mœurs et les habitudes françaises. Aller en Algérie, ce n'est donc pas quitter son pays, c'est tout au plus perdre de vue le clocher de son village.

En Algérie, chacun peut tirer un parti avantageux de son avoir, quelque minime qu'il soit, de ses capacités et de son travail; chacun doit, sinon y faire fortune, du moins se procurer l'aisance qu'il cherche et le patrimoine qu'il désire créer à ses enfants.

Mais pour avoir toutes chances de réussite, l'émigrant doit remplir certaines conditions indispensable, et en outre connaître le pays où il se rend, sa situation, son climat, son sol, ses productions, ses ressources etc, . etc, . autant de chapitres que nous allons traiter le plus succinctement et le plus clairement possible.

L'ÉMIGRATION - CONDITIONS A REMPLIR
PRINCIPALES CAUSES D'INSUCCÈS

Quels sont ceux qui peuvent émigrer ?

Le petit propriétaire-cultivateur qui sue sang et eau pour satisfaire péniblement à l'existence de sa famille, tout en vivant de privations, et que le moindre revers, le moindre accident met dans la gêne.

Le propriétaire que des circonstances ont endetté, qui est forcé de prendre sur son patrimoine pour vivre et payer les intérêts à ses créanciers.

Le fermier qui chaque année voit son avoir diminuer, qui, malgré un travail opiniâtre, une économie parcimonieuse, non-seulement n'obtient aucun bénéfice de son exploitation, mais n'en retire pas assez de produit pour payer ses fermages, ses impôts et autres charges.

Le père de famille dont l'aisance est relative et repose sur son travail; mais qui ne peut faire d'économies suffisantes pour mettre ses vieux jours à l'abri du besoin et laisser à ses enfants un modeste patrimoine.

Le capitaliste qui a fait des pertes financières, ou dont les revenus ne lui permettent plus le strict nécessaire, suivant le rang que lui assignent son nom, ses relations et ses antécédents.

Ces diverses classes de personnes peuvent émigrer; l'aisance, la fortune les attend en Algérie, surtout si elles ont l'amour du travail, la constance dans les efforts, l'ordre et l'intelligence dans les dépenses. Quant aux ouvriers des champs et de professions qui se rattachent à la culture: vignerons, jardiniers, tonneliers, maréchaux, charrons etc, . ils peuvent se faire une situation en Algérie : la vie y est à bon marché; par suite, l'épargne plus facile.

Mais avant tout, que chacun agisse suivant ses aptitudes et ses ressources. La culture quoique facile, quoique très-productive en Algérie, exige cependant des connaissances qu'on n'acquiert pas du jour au lendemain; il est nécessaire en outre, de ne pas entreprendre plus que ne le permet le capital dont on dispose. C'est pour avoir méconnu ces deux principes que beaucoup d'immigrants n'ont pas réussi.

Ainsi, malgré les avantages apparents que font tant valoir les agences américaines : transport et concession gratuites, '*La Riforma*', journal italien, faisait encore, il y a quelque temps, un récit navrant de 500 Italiens trop crédules que leur consul avait été obligé de rapatrier; ses compatriotes se trouvant dans la plus profonde pénurie à 1 500 lieues de la mère patrie.

Combien d'autres ne voulant ou ne pouvant user de cette ressource, traînent une existence des plus misérables dans les pays *d'outre-mer*.

L'Algérie a, sur ces pays, cet avantage précieux, que c'est un pays français, séparé de la métropole par une traversée de quelques heures. Il est donc facile de contrôler ses ressources et ses avantages avant de s'y établir définitivement.

SITUATIONS AGRICOLES

Au point de vue agricole, l'Algérie procure à ses immigrants les meilleures conditions d'existence et les plus sûres garanties d'avenir. La richesse et la variété de ses productions, ses immenses ressources sont restées pour ainsi dire ignorées ou délaissées jusque dans ces dernières années, les nombreux changements de Gouverneurs en Algérie, la diversité des systèmes employés ont arrêté longtemps l'essor de la colonisation. Aujourd'hui l'élan est donné, les préjugés défavorables sur l'Algérie disparaissent, et l'Exposition de 1889 a montré et prouvé aux plus incrédules ce que le travail agricole a su produire. Il est permis de dire avec certitude qu'avant la fin du siècle, *l'Algérie sera le grenier et le cellier de la France.*

Suivant les aptitudes de l'immigrant et le capital dont il dispose les situations sont différentes. Néanmoins elles peuvent se diviser en cinq catégories :

1° Le Colon propriétaire.
2° Le Spéculateur.
3° Le Colon fermier.
4° Le Colon partiaire ou métayer.
5° Le Colon concessionnaire.

Pour s'établir en Algérie en qualité de *colon-propriétaire* il faut disposer d'un capital assez important. Car si les terrains sont d'un prix minime, il ne faut pas oublier les dépenses de constructions, de matériel, de défrichage, de plantation etc, . etc, . à moins qu'on ne prenne une ferme en exploitation ce qui serait préférable si les capitaux le permettent. Les chances de plus value seront moins grandes, mais les bénéfices plus certains et plus immédiats.

Quant au *spéculateur*, ce ne peut être qu'un capitaliste qui profite des bas prix des terrains pour en acheter des quantités considérables, qu'il fait exploiter ou revend en détail avec bénéfice.

Le cultivateur, dont les ressources sont limitées et qui ne veut pas s'engager sans se rendre compte, prend à bail une exploitation, une ferme plus ou moins importante ; il est *colon-fermier*. Ces situations deviennent de plus en plus nombreuses, en raison des colons-propriétaires qui se retirent et aussi des nouvelles créations faites par les capitalistes.

Le cultivateur qui ne possède qu'un modique

capital, insuffisant pour faire l'achat d'un matériel agricole, s'entend avec le propriétaire exploitant et même avec le capitaliste et prend une exploitation comprenant le matériel, le bétail etc . Il fait un bail à cheptel ou métayage ordinairement à mi-récoltes; c'est le *colon-partiaire* ou *métayer*.

A l'origine de la conquête et même jusque dans ces derniers temps, le gouvernement accordait assez facilement des concessions gratuites de terrains, cependant sous certaines conditions et réserves qui ont varié avec les changements de Gouverneurs. Mais il s'est produit tellement d'abus dans ces distributions plus ou moins arbitraires de terrains et dans la façon d'en tirer parti par les concessionnaires, que la colonisation en souffrait plus qu'elle n'en profitait. Le Gouvernement a modifié presque entièrement cette façon d'agir et l'a remplacée par les adjudications publiques et les ventes à l'amiable, ce qui donne une plus grande liberté d'action aux acquéreurs.

Mais ces achats exigent certaines conditions du colon.

En effet, le prix d'acquisition de ces terrains du Gouvernement n'entre que pour une faible part dans les dépenses de premier établissement. Avant de produire, avant de donner des résultats, la terre, quelque fertile qu'elle soit, exige du travail et du temps; jusque-là il faut pourvoir à tous les frais d'installation et aux besoins de l'existence, sinon la gêne se fait bientôt sentir, les privations s'imposent et comme conséquence le découragement s'empare du colon. Celui-ci doit donc posséder un capital de réserve dit de prévoyance.

Pour avoir méconnu ces sages précautions, beaucoup de colons actuels ayant des charges trop lourdes, se sont trouvés dans l'impossibilité absolue de mettre en valeur les terres qu'ils détiennent. Plusieurs ont succombé sous les charges écrasantes des emprunts à gros intérêts qu'ils ont dû contracter.

Le système de prudence que nous préconisons, conduit sûrement au succès; car en matière agricole on ne peut pas dire que la fortune est aux audacieux; elle peut tout au plus sourire aux entreprenants.

C'est une recommandation banale,presque inutile, quand on s'adresse au cultivateur, à l'homme des champs, de faire remarquer que l'immigrant-colon doit être robuste, travailleur, sobre et économe. Ces qualités sont inhérentes aux professions agricoles.

DEUXIÈME PARTIE

Géographie agricole de l'Algérie

Au point de vue agricole, l'Algérie présente trois divisions distinctes: 1° Le Tell; 2° Les Hauts Plateaux; 3° Le Sahara.

Pour se faire une idée bien nette de la configuration du sol, il faut supposer un plan incliné avec gradins faisant face à la mer, et dont les marches plus ou moins élevées et espacées indiqueraient les différentes altitudes. Au premier plan, le *Tell* limité par la chaîne du Petit Atlas; au second les *Hauts Plateaux*, entre le Petit et le Grand Atlas; au troisième et au sud, le *Sahara*.

LE TELL

Le Tell comprend toute la côte méditerranéenne sur une longueur de 300 lieues et sur une largeur variant de 25 à 60 lieues; c'est la portion essentiellement cultivable du territoire algérien. Il comprend des terrains accidentés renfermant d'immenses plaines dont quelques-unes sont arrosées par des cours d'eau importants. Citons les plaines de la Mitidja, de Bône, de la Mleta, du Chéliff, de la Médiana, etc, . entourées de collines et de coteaux et même de montagnes assez élevées.

Le sol formé de marne argileuse, et de terrains d'alluvion d'une grande épaisseur est d'une merveilleuse fertilité, grâce à une chaleur bienfaisante et à une humidité entretenue soit par les cours d'eau, soit par d'immenses barrages qui endiguent,pendant l'hiver, l'eau des torrents et des pluies et permettent d'irriguer les champs en temps opportun.

CLIMAT

Le climat est des plus favorables à la végétation. Deux saisons seulement : 1° L'hiver ou saison des pluies d'Octobre à Avril, rarement le thermomètre descend au-dessous de 4° centigrades; les gelées ne sont donc pas à craindre.-2° et l'été ou saison des chaleurs de Mai à Septembre, la température atteint parfois 45° surtout dans les plaines et les vallées. Mais même pendant cette saison, la chaleur est tempérée sur le littoral par la brise de la mer; les rosées sont très-abondantes. Les plantations d'eucalyptus et les travaux d'assèchement ont partout assaini les contrées les plus malsaines; les fièvres autrefois si redoutées sont maintenant presque inconnues. Le Pays est donc des plus salubres. Les environs d'Alger sont indiqués par les médecins aux anémiques et aux malades de la poitrine.

PRODUCTIONS

Le Tell produit en abondance toutes les céréales, le tabac, les oranges, les olives, les plantes odoriférantes et médicinales. Les plantes potagères et principalement les primeurs, grâce à la rapidité des transports, sont l'objet, sur tout le littoral, de vastes cultures et d'un commerce important et très-lucratif avec la France : Marseille, Lyon, Paris.

La vigne a pris depuis quelques années un immense développement; le sol et le climat du *Tell* lui conviennent admirablement. Plus de 100 000 hectares sont couverts de vignobles; plusieurs ont acquis une renommée bien méritée pour leurs produits.

Et si pendant la domination romaine, l'Algérie était le grenier de Rome et de l'Italie; aujourd'hui, grâce aux procédés de culture des Colons, l'Algérie agricole, non-seulement reprend son ancienne renommée de fertilité; mais bientôt elle sera le véritable grenier et surtout le cellier de la France.

SUPERFICIE

Le Tell a une superficie d'environ 14 millions d'hectares, l'équivalent de 25 départements français; trois millions d'hectares à peine sont cultivés. Il reste donc encore de vastes espaces à mettre en culture et dont on peut tirer profit et richesse.

Combien de cultivateurs, de vignerons, de travailleurs en France, qui ont grand peine à subvenir à l'existence de leurs familles, même au prix de soucis sans nombre et des plus grand sacrifices, trouveraient en Algérie, avec moins d'efforts et de travail, une situation lucrative et indépendante et bien souvent la fortune !

COURS D'EAU ET CHEMINS DE FER

De nombreux cours d'eaux arrosent et fertilisent les plaines et les vallées; la plupart, à courants rapides, sont utilisés comme force motrice : usines, moulins, minoteries, etc, . Citons le *Chéliff, l'Habra, la Tafna, le Sig, l'Isser, le Rummel et la Chiffa.*

Des chemins de fer parcourent le Tell dans toute sa longueur et de nombreuses voies de communication facilitent les transports et les relations entre les différentes localités et les villes.

HAUTS PLATEAUX

L'ensemble des Hauts Plateaux comprend une vaste contrée dont l'altitude varie de 500 à 1200 mètres et forme différents échelons à pentes douces. Cette région présente à l'œil d'immenses plaines légèrement ondulées.

CLIMAT, PRODUCTIONS

Le Climat varie sensiblement avec celui du Tell, la température la plus basse est de 5° au-dessous de zéro et la plus haute de 35°. Mais les saisons sont plus régulières et ont beaucoup d'analogie avec celles du nord de la France. Ces vastes plaines des Hauts Plateaux où l'air se meut en toute liberté sont particulièrement salubres, elles conviennent admirablement aux habitants du nord et de l'est de la France.

En raison de la différence assez sensible de climat, les productions des *Hauts Plateaux* ne sont pas les mêmes que celles du *Tell*. Cependant le sol est favorable à la culture des céréales et à un grand nombre des végétaux du midi de la France, de l'Italie et de l'Espagne. Parmi les arbres fruitiers on peut citer, le cerisier, l'amandier, le pêcher, l'abricotier, le noyer, le grenadier, le figuier. Le Palmier nain fournit le crin végétal; le diss, l'alfa sont utilisés pour la fabrication du papier et des ouvrages de sparterie. De beaux et riches pâturages permettent, sans grandes dépenses d'entretien, l'élevage du bétail: chevaux, mulets, ânes, bœufs, moutons, porcs.

La vigne donne des résultats satisfaisants. Le Gibier abonde partout: lièvre, perdrix, gazelle, etc, etc.

SUPERFICIE

Les Hauts Plateaux ont une superficie d'environ 11 millions d'hectares, en grande partie couverts de pâturage, d'alfa et de forêts.

RÉSUMÉ

En résumé, l'Algérie, dans le Tell surtout, est d'une prodigieuse fertilité. Toutes les sources de richesses y sont amoncelées. Les produits agricoles sont largement rémunérateurs: céréales, vins, primeurs, oranges, olives, citrons, tabac, plantes odoriférantes et médicinales, élevage des bestiaux, etc, etc. Chacun d'eux cultivé avec soin peut être une source de bien-être et de fortune.

Les fôrets sont nombreuses: le chêne-liège est l'objet d'un trafic important.

Le sol renferme de riches minerais: fer, zinc, plomb argentifère, etc. , et de belles carrières de marbre et pierres à bâtir.

Presque partout, des sources minérales et thermales d'une incontestable valeur et qui n'ont rien à envier comme qualité, aux plus renommées de l'Europe.

L'Algérie offre donc au capitaliste, à l'industriel, au cultivateur surtout, des ressources incalculables.

Chacun peut y trouver le moyen d'utiliser avec profit, son capital, quelque modique qu'il soit, ses connaissances spéciales, son activité et son travail.

Le cultivateur, le vigneron, le jardinier, l'industriel, travailleurs et économes sont sûrs de s'y faire une situation lucrative.

CONSIDÉRATIONS GÉNÉRALES

La conquête de l'Algérie date de 1830, c'est-à-dire de près de 60 ans. Cependant de vastes contrées y sont encore improductives. Il est vrai que pendant longtemps ce pays a été en insurrection presque continuelle. On le considérait d'ailleurs comme un champ de manœuvre, une école de guerre, un moyen d'avancement militaire. Les changements nombreux de Gouverneurs entraînant de nouveaux systèmes d'administration et de colonisation ont contribué pour une large part au peu d'extension qu'a prise la colonisation jusqu'en 1870.

De plus l'Algérie était et est encore inconnue et mal connue, regardée comme un pays insalubre, inhabitable et plein de dangers; autant d'erreurs qu'il faut déraciner.

Les travailleurs français disposés à s'expatrier, alléchés par des avantages trompeurs, choisissent l'Amérique, persuadés qu'il leur suffit d'y mettre le pied pour faire fortune, sans peine et sans travail. Combien y sont morts de chagrin et de misère !

Combien en reviennent tous les jours rapportant déceptions et regrets, au lieu des richesses qu'ils avaient rêvées à leur départ !

Mais depuis quelques années les questions coloniales préoccupent tous ceux qui ont souci de la prospérité de la France et du bien-être des masses. Des sociétés se sont formées pour vulgariser les connaissances géographiques, pour donner des idées nettes de nos colonies et des ressources qu'elles présentent, pour guider sûrement le travailleur à la recherche d'une meilleure position sociale et le mettre en garde contre les utopies et les promesses trompeuses.

Les quelques considérations générales qui précèdent permettent d'apprécier l'Algérie dans son ensemble. Mais on comprend que dans un pays dont l'étendue est égale aux trois quarts de celle de la France, il y ait dans ses parties, des différences sensibles, sous le rapport du climat, du sol, de sa configuration, de ses productions, de ses richesses minérale etc, etc, . Les chapitres qui suivent traiteront ces études particulières.

Administration

On sait que l'Algérie est partagée administrativement en trois départements : *Alger* au centre, *Constantine* à l'est et *Oran* à l'ouest. Au point de vue physique et de la configuration, chacun d'eux comprend en partie les trois divisions naturelles: Le Tell, les Hauts Plateaux et le Sahara.

A la tête de l'Algérie se trouve un Gouverneur Général assisté d'un Conseil de Gouvernement et d'un Conseil supérieur.

Chaque département a des *Sénateurs*, *des Députés*, *un Conseil Général et des Conseils Municipaux*, soumis aux mêmes modes d'élection qu'en France, et comme administrateurs : *un Préfet* et *des Sous-Préfets*.

Les Français ont les mêmes droits civils et politiques que dans la métropole.

La liberté de conscience et des cultes existe sur tout le territoire algérien.

On y trouve toutes les juridictions civiles et commerciales, l'instruction à tous les degrés, un grand nombre d'établissements et institutions de bienfaisance. Le service des postes et télégraphes se fait avec rapidité. Les voies de communication sont nombreuses. Plus de 3,000 kilomètres de chemins de fer, plus de 30,000 kilomètres de routes nationales, de routes départementales et de chemins vicinaux sillonnent la contrée dans toutes les directions.

DÉPARTEMENT D'ALGER

Le département d'Alger a pour chef lieu *Alger* qui est en même temps le siège du Gouvernement général; il forme cinq arrondissements: *Alger*, *Médéa*, *Miliana*, *Orléansville et Tizi-Ouzou.*

D'après le dernier recensement, sa population est de 1,358,576 habitants dont 91,592 Français.

Sa superficie est de 17 millions d'hectares (à peu près 20 départements français) dont plus de 3 millions d'hectares dans *le Tell* formés de massifs plus ou moins élevés, de grandes vallées et de vastes plaines. Parmi ces dernières renommées par leur fertilité il faut citer : *la plaine de la Mitidja* comprenant environ 200, 000 hectares, la mieux cultivée de toute l'Algérie, sillonnée de nombreux cours d'eau et dont les terres sont d'une qualité bien supérieure aux meilleures contrées de la *Brie*; *la plaine du Chéliff* formée d'alluvions; *la plaine des Issers*, etc. Mentionnons la *Grande Kabylie* à l'est, pays de montagnes et pauvre habité par des tribus remuantes, et *le pays de M'Zab* au sud.

Une grande partie de cette fertile contrée est encore inculte; cependant cet état de choses regrettable s'améliore chaque année, grâce à l'immigration européenne toujours croissante; les broussailles disparaissent et font place à de riches cultures et à de magnifiques vignobles.

CULTURES - PRODUCTIONS - INDUSTRIE

Les cultures varient suivant la nature du sol, suivant le climat et les moyens d'irrigation.

Les Céréales forment la culture principale dans *la Mitidja et le Chéliff.*

Les primeurs comprennent de vastes exploitations sur tout le littoral et notamment aux environs d'Alger dans *le Sahel.* Les plantes potagères et légumineuses viennent en abondance dans la Mitidja, pendant tout l'hiver et sont expédiées sur les principaux marchés du midi de France, même sur celui de Paris.

Les plantations de vigne s'étendent partout, quelques terroirs fournissent des vins renommés: *Guyotville, Alma, Miliana, Médea,* et les principaux coteaux *du Sahel.*

Le tabac forme une branche importante et lucrative de la culture, en grande partie dans la *Mitidja.*

Les Plantes odoriférantes et médicinales sont exploitées avec grand profit, notamment à *Staouëli, Chèragas, Bouffarik et Blida.*

Tous les arbres fruitiers du midi de la France donnent de beaux produits dans presque toutes les parties du département, particulièrement dans les arrondissements de Médéa et Miliana.

Les oranges de Blida, Bouffarik, Cherchèll et Koléa ont une juste renommée.

L'olivier est l'objet de cultures importantes; il est la principale richesse de la Kabylie.

L'élevage des abeilles donne d'excellents résultats; mais il n'est guère pratiqué que par les Indigènes qui possèdent plus de 50, 000 ruches dans le département.

Quant à l'élevage du bétail, il peut se faire presque partout avec le plus grand profit, il est surtout facile sur les Hauts Plateaux. Il deviendra nécessaire quand les Colons auront compris les avantages de la culture intensive.

Quoique l'industrie algérienne soit peu développée, on trouve cependant dans le département de nombreuses minoteries, à Alger, Maison-Carrée, Arba, Blida, Médéa, Miliana, Hussein-dey, etc., des fabriques de pâtes alimentaires, de crin végétal, de bouchons, d'huile d'olive; quelques distilleries, etc.

La pêche forme la principale industrie du littoral.

Le département possède de riches gisements de minerais de fer, cuivre, plomb, etc. ; quelques-uns sont exploités à Souma, à Melselmoum, à Gouraya, à Aïn-Sadouna, à Guerrouma, à Djebel-Hadid, à Sakamody.

On trouve de belles carrières de marbre à Marengo et à Foudouck, la pierre de taille à Orléansville, Ténès, Miliana, Boufarik, Kouba, Draria, Dellys; la pierre à plâtre à Kerbach, Zakkar, El-Affroun, Médéa, Aumale, Arba.

Les sources minérales et thermales sont nombreuses; on en compte plus de 50 dans le département, quelques-unes ont une renommée justement méritée.

De grands marchés dans les principaux centres facilitent les transactions agricoles. Citons parmi les plus importants, ceux de l'Arba, d'Aumale, de Boufarik, de Boghari, de Djemaa-Saharidj, de Laghouat, d'Orléansville, de Téniet etc.

Les voies de communication sont nombreuses Chemins de fer d'Alger à Oran, à Constantine, de Ménerville à Tizi-Ouzou, et plus de 9, 000 kilomètres de routes et chemins relient les communes entre elles et aux chefs-lieux de cantons et d'arrondissements.

Des services rapides et quotidiens de bateaux assurent les relations et les transports entre Alger, et Marseille, Port-Vendres et Cette. La traversée est de 36 heures en moyenne.

On trouve à Mustapha, près d'Alger un jardin d'essai de 80 hectares, où toutes les plantes qui ont donné des résultats utiles sont mises à la disposition des cultivateurs à des prix exceptionnels de bon marché, avec toutes les indications nécessaires des meilleurs procédés de culture.

Il faut aussi mentionner le magnifique domaine agricole des R. P. Trappistes à Staouéli, véritable ferme modèle que tout immigrant doit visiter.

Les Français sont répandus dans toute l'étendue du département, principalement dans le Tell. Ils ont créé partout des exploitations agricoles dont plusieurs sont remarquables par leur organisation perfectionnée. L'industrie, quoique peu développée, compte cependant des établissements importants et prospères.

DÉPARTEMENT D'ORAN

Le Chef-lieu est *Oran*, les arrondissements sont ceux *d'Oran*, *de Mascara*, *de Mostaganem*, *de Sidi-Bel-Abbès*, *et de Tlemcen*.

Le dernier recensement a donné pour ce département une population de 846,504 habitants comprenant 64,167 Français.

Sa superficie totale est de 12 millions d'hectares c'est-à-dire l'équivalent de plus de 20 départements français dont 5 millions d'hectares environ dans *le Tell*.

Comme le département d'Alger, celui d'Oran présente une série de collines et des montagnes plus ou moins élevées et séparées les unes des autres par des plaines dont l'étendue varie suivant les contrées. Les plus remarquables sont les plaines *des Andalouses, d'Oran, de M'leta, du Tlélat, du Sig, de l'Habra, du Chéliff ouest, de Mékerra, d'Egriss, du Dhara.*

Toutes ces plaines sont aujourd'hui livrées à l'agriculture; Elles sont sillonnées de routes et couvertes de riches villages. Quelques-unes donnent déjà des résultats remarquables, grâce aux irrigations permanentes que leur assurent de nombreux barrages et la dérivation des rivières.

La plaine du Dhara offre une succession de ravins, de collines et de plateaux qui la rendent très-pittoresque et constituent un pays à part habité par les Kabyles. L'olivier, le chêne-liège y abondent. Les Kabyles peuple de travailleurs ont de nombreux vergers entretenus avec le plus grand soin.

Les Hauts Plateaux ont d'immenses étendues d'Alfa. Les forêts couvrent une superficie de 580,000 hectares.

CULTURES - PRODUCTIONS - INDUSTRIE

Les Céréales forment la principale culture du département, particulièrement dans les plaines du Tlemcen, d'Eghris, du Sig et de la Mekerra.

Les plantes potagères et maraîchères qui demandent beaucoup d'eau n'ont pu prendre la même extension que dans le département d'Alger, excepté toutefois à Mascara, Sidi-bel-Abbès et Tlemcen où la culture des légumes constitue pour les jardiniers une source importante de revenus.

Les vignobles sont nombreux à Tiaret, Mascara, Pélissier, Mostaganem, Saint-Cloud, Oran, Misserghin, Valmy et Tlemcen. D'ailleurs la culture de la vigne est depuis quelques années une passion en Algérie. Tout colon veut être vigneron.

La culture du tabac est restée stationnaire par suite des prix payés par la régie; mais c'est un produit que le cultivateur ne doit pas dédaigner. Le coton est délaissé. Par contre les plantes textiles, le lin, le chanvre et la ramie surtout occupent une place de plus en plus importante.

Les arbres à fruits sont assez communs. Dans l'arrondissement de Tlemcen où l'eau se trouve en abondance, on rencontre de nombreuses et belles plantations d'oliviers, caroubiers, amandiers, cerisiers, abricotiers, pruniers, groseillers, noyers, etc. La pépinière de Misserghin peut livrer au public de 30 à 40,000 pieds d'arbres par an.

L'olivier et l'oranger sont cultivés avec succès et donnent d'excellents résultats.

L'élevage des abeilles, négligé par les Colons, mérite cependant d'occuper leur attention. Les indigènes en tirent de bons produits; ils possèdent plus de 30,000 ruches.

Dans les Hauts Plateaux la culture prédominante est celle de l'Alfa. La Compagnie Franco-Algérienne a le droit exclusif d'exploitation sur 300,000 hectares. De vastes pâturages, permettent l'élevage du bétail, pratiqué presque exclusivement par les Indigènes.

L'exploitation des richesses minérales, quoique restreinte, occupe de nombreux ouvriers, notamment dans la plaine de la Tafna. Les mines de fer, de zinc, de plomb, de cuivre etc., sont nombreuses et riches.

Le département compte aussi un grand nombre de minoteries importantes à Mostaganem, à Tlemcen, à Sidi-bel-Abbès, etc., des fabriques de pâtes alimentaires, des tanneries, des moulins à huile, quelques usines pour le travail de l'Alfa, une entre autres à Parmentier qui occupe 1,000 ouvriers.

La pêche et les salaisons sont actives sur les côtes.

Trois sources de pétrole ont été découvertes dans le Dahra.

Le département possède de belles carrières de marbre, de pierres à bâtir, de pouzzolanes, de pierre à plâtre. Elle a des sources minérales et thermales en grand nombre, et dont les vertus curatives sont bien établies.

De grands marchés heddomadaires rendent les transactions faciles. Les principaux se tiennent à St. Denis du Sig, à Mascara, à Tiaret, à Tlemcen, à Nédroma, à Lalla-Maghrina, à Sebdou, à Saïda.

Le département est traversé par six lignes de chemins de fer et par 10,000 kilomètres de routes et chemins vicinaux.

Les Espagnols sont nombreux dans le département, ils sont pour la plupart employés aux travaux agricoles moyennant un salaire peu élevé.

DÉPARTEMENT DE CONSTANTINE

Ce département a pour chef-lieu *Constantine*, Il forme 7 arrondissements : *Constantine*, *Batna*, *Bône*, *Bougie*, *Guelma*, *Philippeville et Sétif.*

Le dernier recensement a constaté 1, 546, 116

habitants dont 63, 319 Français.

Sa superficie est évaluée a 19 millions d'hectares, (environ 35 départements français) dont près de 4 millions d'hectares pour le Tell.

La partie tellienne du département n'est que la continuation du Tell de la province d'Alger; formée de montagnes élevées et de vallées profondes, elle est limitée au sud par la plaine du Hodna et par le massif de l'Aurès. Les plaines du Tell les plus remarquables sont celles de *l'Oued, Senhadja, de Bône, de la Medjana , de Sétif, d'El-Outaya.*

Les Hauts Plateaux forment aussi de vastes plaines dont la principale est celle du Hodna très-fertile en céréales et en fruits de toutes sortes.

CULTURES - PRODUCTIONS - INDUSTRIE

Les céréales et l'élevage du bétail forment les principales branches de la culture dans les plaines de Bône, Guelma, Sétif, Bou-Arréridj, Barral, Randon. Sur le littoral la culture des primeurs domine et donne lieu à un commerce lucratif avec Marseille, Lyon, Paris. L'absence de gelée rend cette culture facile en pleine terre, et dès le mois de décembre les produits sont expédiés pour les villes précitées.

De beaux vignobles couvrent les arrondissements de Philippeville, de Bône, de Constantine, de Bougie et de Guelma. Les vins de Bône et de Philippeville sont renommés.

La production du tabac est importante dans les arrondissements de Bône, de Philippeville, de Guelma et Bougie. Le tabac de Zouagha est le plus recherché.

Les orangers, mandariniers, citronniers, amandiers, poiriers, cerisiers, etc. , sont nombreux dans toutes les parties du département qui sont abritées au sud et facilement irrigables, mais dont l'altitude ne dépasse pas 6 à 700 mètres.

On trouve de vastes champs d'oliviers dans les arrondissements de Bône et de Guelma. Les figues de Bougie sont bien connues.

L'apiculture compte plus de 100,000 ruches appartenant en partie aux Indigènes. Il est difficile d'expliquer l'indifférence des Européens, pour ce produit.

L'élevage du bétail est pratiqué, surtout par les Indigènes, dans toutes les parties où les pâturages sont abondants. Les bœufs de Guelma, de Souk-Ahras, de Tebessa et d'Aïn- Beïda sont recherchés ainsi que les chevaux du Hodna et de l'arrondissement de Sétif.

Les principales industries comprennent des minoteries, moulins à huile, fabriques de pâtes alimentaires, brasseries, distilleries, salaisons, fabriques de bouchons, etc. , etc.

Le département possède des mines de fer, cuivre, plomb, antimoine, zinc, mercure etc. , des carrières de marbre, de pierres de taille, de pierres à chaux et à plâtre; des salines naturelles.

Les nombreuses sources thermales et minérales sont très-fréquentées.

Des marchés ont lieu dans chaque ville et dans les principales communes du département. Les plus fréquentés sont ceux de Constantine, Kroub, Chateaudun, Sétif, Batna, Guelma, Souk-Ahras.

Sept lignes de chemins de fer traversent le département, et près de 12,000 kilomètres de routes et chemins vicinaux mettent en communication les moindres communes avec les principaux centres, et donnent toutes facilités aux transactions.

Les travaux agricoles sont éxécutés par les Kabyles, les Italiens et les Maltais qui sont nombreux dans le département et qui se contentent d'un modique salaire assez souvent payé en nature, ordinairement le cinquième de la récolte.

TROISIÈME PARTIE

AGRICULTURE

L'Algérie est un pays essentiellement agricole. Elle doit sa grande fertilité à son climat exceptionnel et à la composition de son sol argilo-calcaire, argilo-siliceux ou formé de terrains d'alluvions.

Tous les produits de l'Italie, de l'Espagne et de la France, ainsi qu'un grand nombre de plantes tropicales, réussissent admirablement en Algérie; mais plus particulièrement dans le *TELL* qui, en raison de ses différentes altitudes, possède tous les climats, excepté le climat intertropical.

Le littoral ne connait pas l'hiver, qui est simplement la saison des pluies; la chaleur de l'été est tempérée par la brise de la mer. On y jouit donc d'un printemps perpétuel. Il n'est pas de pays plus salubre comme il en est peu d'aussi fertile.

Un élément est nécessaire pour donner au sol toute sa puissance de végétation; cet élément indispensable, c'est l'eau. En Algérie, la sécheresse seule est à redouter; cependant il est bien rare que dans la partie moyenne du Tell elle atteigne des proportions désastreuses. On peut d'ailleurs la prévenir par des labours profonds qui en ameublissant la terre lui conservent un certain degré d'humidité et la garantissent même du sirocco,

De plus le Gouvernement et les Colons font les plus

grands sacrifices, ici en construisant des barrages qui emmagasinent l'eau des rivières et des pluies, là en forant des puits artésiens; ce qui permet les irrigations en temps opportun.

Dès lors avec des terres riches et fécondes, avec la chaleur bienfaisante du soleil, avec l'humidité des pluies et des irrigations, la fertilité du sol tient du prodige. Chaque plaine devient un centre agricole prospère. ou pour le devenir n'attend que les bras des travailleurs.

Nous avons dit que le *Tell* est une région accidentée, comprenant un vaste système de montagnes, de collines et de riches et vastes plaines.

Le département de Constantine est surtout montagneux et en raison de ses différentes altitudes aussi bien dans le Tell que sur les Hauts Plateaux est propre à toutes les cultures de la France. Les deux autres départements présentent moins de variétés dans leur configuration.

Parmi les plaines renommées pour la richesse de leur sol citons, dans le département d'Alger : les plaines du Chéliff partie orientale, de la Mitidja, des Issers; n'oublions pas le plateau du Sahel etc , ; dans le département d'Oran: les plaines des Andalouses, de Zeydour, d'Oran, de la M'léta, du Tlélat, du Sig, de l'Habra, du Chéliff partie occidentale, de la Mekerra, d'Egriss, Tlemcen, de Sidi-Bel-Abbès; dans celui de Constantine: les plaines de l'Oued-Senhadja, de Bône, dès Kharésas, de Béni-Urgine, de la Mafrag, de l'Oued-el-Kébir, de la Madjana, d'El-Outaya, du Hodna, etc, .

Toutes ces plaines sont arrosées par des cours d'eau plus ou moins importants; les sources y sont nombreuses,

En général, les parties basses près du littoral conviennent surtout à la culture des primeurs; les plaines et les collines sont propres à la culture des céréales, de la vigne et des plantes industrielles. Les plateaux ayant de 300 m.

à 600 m. d'altitude ressemblent pour le climat et les productions au midi de la France.

Les Hauts-Plateaux comprennent de vastes landes ou steppes couverts uniformément de graminées et de plantes aromatiques, formant de vastes pâturages sur lesquels les Indigènes font paître leurs nombreux troupeaux. L'Alfa recouvre les sept dixièmes de cette vaste contrée. Cependant certaines parties pourraient être utilisées à la culture des céréales.

Par des forages habilement pratiqués et en aménageant les eaux on obtiendrait facilement 500.000 hectares de terres agricoles, dans le département d'Alger.

Un mot seulement sur le M'Zab plateau rocailleux, dans la partie sud du département d'Alger, ayant une altitude de 700 à 800 mètres et formant une superficie d'environ 800.000 hectares. Le climat y est très salubre, froid en hiver, chaud en été. Les M'Zabites s'adonnent à la culture des plantes potagères, du dattier, du grenadier, du figuier, du pommier et de quelques autres arbres fruitiers. Ils ont de nombreuses et belles vignes qui produisent des raisins magnifiques.

Quant à la Grande Kabylie elle fait partie des départements d'Alger et de Constantine. C'est une région très-accidentée et pauvre et en grande partie inculte. Toutefois les Kabyles sont travailleurs et industriels. Au moment des travaux agricoles ils descendent de leurs montagnes et se mettent au service des colons et des indigènes des plaines; et après la moisson, ils retournent à leurs gourbis avec le petit pécule qu'ils ont amassé. On les à surnommés « *les Auvergnats de l'Algérie* ».

Quelques conseils aux Immigrants

Tout cultivateur, tout vigneron sait parfaitement que les procédés de culture varient suivant la nature du sol, le climat, l'altitude du lieu et les circonstances.

Pour l'Algérie, pays neuf et grand comme la France, il n'est guère possible de fixer des principes absolus de culture. Tout au plus peut-on se permettre quelques conseils et indiquer certaines règles de conduite pour faciliter le succès des nouveaux arrivants.

L'immigrant qui veut réussir doit avant tout éviter les essais dispendieux, étudier et pratiquer les procédés de culture consacrés par l'expérience de ses devanciers, se rendre bien compte des produits qui donnent les résultats les plus avantageux et les mieux appropriés à la contrée où il se trouve, se garder d'innover ou d'introniser les pratiques agricoles du pays qu'il a quitté. Ce qui est vrai dans la Brie peut être faux dans la Mitidja.

En agissant ainsi, il évitera bien des mécomptes et bien des déboires; rien ne l'empêchera d'utiliser ses capacités, ses propres observations et de marcher en avant; lentement mais sûrement. La prudence, conseillée ici, n'a rien de commun avec la routine et n'exclue nullement le progrès.

Dans cet ordre d'idées, tout immigrant débarquant à Alger pourra utilement visiter l'exploitation modèle de Staouéli et faire son profit de 40 années d'expérience et de pratique. Les R. P. Trappistes se feront un plaisir de lui accorder une large et gratuite hospitalité pendant tout le temps de son séjour.

Sa deuxième visite sera pour le *Jardin d'essai*, à Mustapha, où on lui donnera gracieusement toutes les explications utiles sur les produits qu'il doit choisir et cultiver.

Quant au nombre de travailleurs, d'animaux de labour, à la quantité de matériel, il est évident qu'ils sont proportionnels à l'importance de l'exploitation, à l'état des terres, aux sortes de culture. La main-d'œuvre indigène est facile à se procurer et est relativement bon marché. Il n'y a donc pas lieu, d'emmener avec soi ni matériel, ni personnel agricole.

CHOIX D'UNE EXPLOITATION

L'immigrant doit avant tout se rendre dans la contrée qui se rapproche le plus de celle qu'il habitait et choisir un terrain en rapport avec ses aptitudes et ses ressources, mais en tous cas facilement irrigable.

Le Tell qui a trois cents lieues de côtes et 25 à 30 lieues de largeur, formant 14 millions d'hectares dont 8 millions encore incultes laisse une grande marge à toutes les capacités, à tous les goûts et à tous les capitaux, en raison de ses situations multiples et de la diversité de ses productions.

Nous croyons que les Immigrants doivent surtout se porter dans le Tell. Cette région qui a une superficie de 14 millions d'hectares, compte 2,785,000 hectares de forêts et 3 millions d'hectares mis en culture; et en évaluant à 3 millions d'hectares la partie rocheuse, d'un abord difficile ou impropre à tout travail agricole, il reste 7 à 8 millions d'hectares de bonnes terres, en grande partie incultes ou peu utilisées, c'est-à-dire l'équivalent de 15 à 18 départements français, qui attendent des bras pour produire.

Progrès de l'Agriculture en Algérie

Depuis plusieurs années, l'Algérie agricole a pris un développement considérable; grâce à l'augmentation constante des voies de communication et des moyens d'irrigation (barrages et puits artésiens); grâce à la constitution de la propriété indigène qui permet les ventes régulières de terres, par les Indigènes aux Européens; grâce aux Colons qui appliquent leurs ressources aux achats de terres, aux défrichements, aux constructions et aux plantations; grâce aux nouveaux immigrants dont le nombre s'accroit tous les jours, comprenant tous les avantages que leur présente l'Algérie, comparés à ceux qu'on leur annonce dans les contrées lointaines. Les superficies mises en rapport augmentent; les broussailles disparaissent, et font place à de riches cultures.

Bientôt l'Algérie aura le rang que lui assignent la fertilité de son sol, la beauté et la salubrité de son climat, la variété et la richesse de ses productions. L'élan imprimé à la colonisation ne peut plus se ralentir. Si les débuts ont été difficiles, si les tâtonnements ont été nombreux, si bien des essais ont été malheureux, si pendant longtemps l'inertie et peut-être la mauvaise volonté gouvernementale ont empèché l'expansion coloniale, on est en droit de compter que la prospérité de l'Algérie est maintenant assurée; l'avenir s'ouvre sous les perspectives les plus brillantes pour les Colons actuels comme pour les nouveaux immigrants. Donc, à l'œuvre.

CULTURES - ASSOLEMENT

AMENDEMENTS ET ENGRAIS

Les principales cultures comprennent dans les trois départements les céréales, les plantes textiles et oléagineuses, la ramie, les plantes tinctoriales ou odoriférantes, les arbres à fruits et en première ligne, la vigne.

La plupart des terres incultes sont couvertes de broussailles et assez souvent de palmiers nains; il faut donc défricher. Le défrichement coûte de 100 fr. à 400 fr. l'hectare. A Staouéli, cette opération est faite par les Espagnols à raison de 100 fr. l'hectare plus le bois provenant des palmiers nains. Quant il ne s'agit que de broussailles le travail est beaucoup plus facile et moins coûteux.

En Algérie, l'assolement est indéterminé, on pourrait même dire qu'il n'existe pas, surtout dans la culture indigène.

Généralement, on fait une ou deux récoltes de céréales, puis, après un léger labour pratiqué au commencement des pluies d'octobre, on abandonne la terre à elle même; on obtient bientôt une prairie naturelle qui, suivant le degré d'humidité du terrain, peut donner plusieurs coupes très-abondantes.

La faible proportion des travailleurs agricoles eu égard à la superficie cultivable fait que la culture extensive est seule en usage. Les fumiers ne sont guére utilisés que dans les jardins potagers ou à primeurs; les engrais artificiels sont inconnus. On cite des terrains qui pendant vingt années consécutives ont rapporté du blé sans différence appréciable dans le rendement qui est dans ce cas relativement faible.

La culture intensive si largement et si utilement pratiquée en France n'a pas encore d'initiateurs en Algérie. Il est cependant certain que l'élevage du bétail et la production du fumier qui en est la conséquence permettront cette culture qui doublera les rendements sans augmenter sensiblement les frais

Il faut dire aussi que les analyses faites des terrains algériens, n'a pas encore permis de connaître les éléments constitutifs du sol. Néanmoins, le savant chimiste M. Ladureau a constaté que la plupart des terrains cultivés, sont pauvres en phosphate de chaux.

Cependant, on a découvert des dépôts de ce précieux engrais dans presque toutes les parties de l'Algérie, généralement à la partie inférieure des terrains tertiaires ou crétacés. Ils contiennent de 30 à 50 pour cent d'acide phosphorique.

Le jour où les Colons auront reconnu la nécessité des engrais phosphatés et les heureux résultats qu'ils procurent, les riches gisements de phosphates qui avoisinent Souk-Ahras seront largement exploités; et l'Algérie agricole aura bientôt le rang qu'elle mérite, elle sera le véritable centre d'approvisionnement de la France.

L'abondance et la vigueur de la végétation spontanée indiquent que le sol est suffisamment riche en matières azotées.

Mais si la nature du sol laisse peu à désirer, la plupart des terres n'ont pas encore la souplesse et l'ameublissement que donne une culture constante et profonde et l'emploi du fumier d'écurie.

Déjà quelques propriétaires trouvent insuffisant le repos des terres ou Jachères et se préoccupent de le remplacer par l'usage des amendements et des engrais, seul moyen d'arriver à des assolements réguliers et à une culture intensive, l'augmentation de la valeur et du prix des terrains devant avoir pour conséquence l'avènement de cette culture. Plusieurs ont essayé les labours de printemps et en ont obtenu d'excellents résultats; mais l'état du terrain les rend quelquefois difficiles et coûteux.

Il est à présumer que l'agglomération de la population entraînera la division de la propriété dans un temps plus ou moins rapproché et amènera forcément des modifications dans le système actuel de culture. Ce qui nécessitera l'usage des engrais dont le premier effet sera d'assurer les assolements et d'augmenter les rendements.

CÉRÉALES

Depuis les temps les plus reculés, la culture des céréales, dans le nord de l'Afrique, a toujours dominé toutes les autres. Aujourd'hui encore les Indigènes n'utilisent guère leurs terres cultivées à d'autres productions.

En 1887 les Européens cultivaient;

en Céréales	393 267	hectares.
« Vignes	83 738	«
« Tabac	2 485	«
« Textiles	1 683	«
« Légumes et primeurs . . .	10 819	«
« Pommes de terre	7 872	«
« Prairies artificielles . . .	8 095	«
« Plantes racines	2 979	«
« — diverses	1 546	«
Total . . .	512 484	hectares.

C'est-à-dire pour les céréales les trois quarts de la superficie totale.

Et si depuis quelques années les plantations de vigne ont pris une extension incroyable, en raison de l'énorme plus value qu'elles donnent aux terres et des bénéfices que le vigneron en retire, on peut cependant affirmer que la culture des céréales devra toujours entrer en ligne de compte dans les préocupations de l'agriculteur soucieux de ses véritables intérêts.

Il est bien bien difficile de donner une évaluation exacte des frais de culture; il résulte de renseignements puisés à différentes sources, qu'ils peuvent être fixés comme suit, en travail à façon, et à l'hectare de céréales:

Labour de printemps	25 à 30 fr.
Hersage d'automne	5 à 6 fr.
Labour et hersage de semaille . .	25 à 30 fr.
Moisson	15 à 20 fr.
Transport de la récolte	8 à 10 fr.

Battage à la machine 1 fr. 50 à 2 fr. le quintal en sac.

Certains propriétaires, les Arabes principalement, emploient les Indigènes comme ouvriers agricoles qu'on désigne sous le nom de Khramès. Certains de ces derniers se chargent des travaux de culture moyennant un cinquième de la récolte; d'autres travaillent à la journée, à raison de 1 fr.50 à 2 fr. Les ouvriers européens sont recherchés, ils sont plus actifs et donnent plus de travail; leur salaire journalier varie de 3 fr. à 4 fr. En qualité de domestiques, ils gagnent en moyenne 30 à 40 fr. par mois, plus la nourriture et le logement.

Nous avons dit que la culture des céréales formait la base de toute exploitation agricole en Algérie. La culture intensive pourra seule modifier cet état de choses.

Parmi les céréales, le blé et l'orge occupent les plus grands espaces.

LE BLÉ

L'Algérie est la terre à blé par excellence, c'est l'élément principal de production d'une ferme algérienne; le blé tendre pour la meunerie et la boulangerie; le blé dur pour les pâtes alimentaires.

Le blé tendre est d'importation européenne, il ne s'accommode pas de tous les terrains et de tous les climats; il réussit surtout sur les coteaux et les points élevés. Le blé dur, au contraire préfère les plaines et les bas fonds.

Les variétés à barbe sont celles qu'on recherche. En blé tendre: la tuzelle blanche, la richelle blanche, la saissette et quelques autres. En blé dur: l'espèce à barbe blanche et celle à barbe noire. Le *Couscous* se fait avec la semoule de blé dur.

Le poids moyen de l'hectolitre est de 77 à 80 kilog en blé dur et de 76 à 79 kilog, en blé tendre.

Les superficies cultivées, en 1887;

par les Européens,	en blé tendre, étaient de	116 975	hectares
—	en blé dur	115 772	«
par les Indigènes,	en blé tendre . . .	67 821	«
—	en blé dur	935 009	«
ou au total	en blé tendre	184 795	«
—	en blé dur	1 050 781	«

Le rapport entre les deux espèces est donc de un sixième environ en blé tendre et 5/6 en blé dur.

On recherche les blés des arrondissements de Bône, Sétif, Constantine. Alger. Milianah, Médéah, Oran et Batna.

La quantité de semence est généralement de 75 kilogs. à l'hectare.

Les semis se font à la volée. L'usage du semoir mécanique aurait le grand avantage 1° d'exiger moins de semence. 2° de permettre un ou deux binages pour détruire les herbes qui nuisent à la bonne venue et à la talle du blé et par suite diminuent considérablement le rendement. Certains cultivateurs, avec l'usage du semoir mécanique et les binages obtiennent facilement 30 quintaux à l'hectare. D'ailleurs les cultivateurs français savent à quoi s'en tenir à ce sujet.

Les semailles se font en Novembre, Décembre et quelque fois en Janvier.

Le blé ne doit pas être trop enterré; recouvert de 2 à 5 centimètres il lève et pousse très-bien; il demande un terrain friable et bien ameubli.

On n'a guère à se préoccuper de la lévée du blé; la température du Tell descendant rarement au-dessus de 3° à 4° centigrades, la gelée n'est pas à craindre. Aussi les blés tallent-ils de très bonne heure; ils fleurissent en mai et la moisson a lieu en Juin-Juillet.

Suivant la qualité du terrain, sa situation et les soins donnés à la culture, les Européens obtiennent des rendements qui varient de 10 à 25 quintaux à l'hectare. Les Indigènes avec leur culture primitive arrivent rarement à plus de 10 quintaux.

Le prix du blé est légèrement inférieur à la mercuriale de Marseille; la vente en est facile. aux nombreux marchés hebdomadaires qui ont lieu dans les principaux centres.

Une grande partie des steppes ou Hauts-Plateaux est aussi propre à la culture du blé; mais cette contrée n'est guère habitée que par les Arabes et ce qui ,est remarquable, c'est que dans les années pluvieuses. ceux-ci font de très-bonnes récoltes, avec leur charrue qui gratte à peine le sol.

La culture du blé est donc largement rémunératrice, surtout si le cultivateur par un travail raisonné sait arriver à de bons rendements.

La qualité supérieure des blé durs d'Algérie a été reconnue dans toutes les Expositions; ils donnent 81 pour cent de farine et 19 pour cent de son.

L'ORGE

L'orge tient un bon rang dans la culture algérienne. Les Arabes la préfèrent à l'avoine pour la nourriture de leurs chevaux.

On cultive surtout l'orge à deux rangs et celle à six rangs. Les Indigènes ont une sorte d'orge noire.

Les labours et les semailles sont les mêmes que pour le blé. La récolte se fait en mai.

On obtient d'excellents résultats même dans les terrains nouvellement défrichés. L'orge craint moins la sécheresse que le blé.

Le rendement varie de 20 à 30 quintaux à l'hectare. L'hectolitre pèse de 58 à 60 kilogr.

L'orge est l'objet d'un commerce important principalement avec la Brasserie anglaise qui la recherche à cause de sa qualité supérieure.

En 1887, la superficie couverte en orge comprenait,
chez les Européens — 98,945 hectares.
chez les Indigènes — 1,200,312 «

AVOINE

La culture de l'avoine en Algérie a été importée par les Européens; les Indigènes en font peu ou point, lui préférant l'orge qu'ils trouvent moins échauffante pour leurs chevaux.

Cependant les résultats obtenus sont satisfaisants; les rendements varient de 25 à 35 quintaux à l'hectare. L'avoine pèse de 47 à 50 kilog. à l'hectolitre.

En 1887, les Européens en ont ensemencé 48,202 hectares, et les Indigènes 2,324 hectares seulement.

SEIGLE

La culture du seigle est très-limitée, et n'a d'autre but que la production de la paille pour la confection des liens. Les Européens en ont ensemencé 400 hectares seulement en 1887.

MAIS - FÈVES - BECHNA

Le maïs est peu répandu, il vient cependant trés-bien sur le sol algérien et donne de beaux rendements. La graine peut être employée à l'élevage des porcs; la plante en vert forme un excellent pâturage. Malheureusement le maïs épuise considérablement le sol, et pour cette raison ne convient que pour la culture intensive. On sème en Juin snr les terres irrigables.

La culture des fèves mérite l'attention du cultivateur algérien. Comme plante à sarclage elle ameublit la terre et favorise l'assolement.

On sème les fèves en novembre, décembre, on moissonne en Juin Juillet. On obtient d'excellents rendements. La vente du grain est facile et lucrative.

Les fèves en vert procurent une nourriture saine et abondante pour les bestiaux.

Le Bechna, dra ou sorgho est cultivé particulièrement par les Kabyles. Il vient très-bien dans les terrains secs et peut se semer à la place des blés qui n'ont pas réussi.

Les indigènes se nourrissent du grain et donnent la paille comme fourrage à leurs bestiaux.

Le Bechna forme, avec l'Ilni et le Maïs, la principale culture d'été des Kabyles.

TABAC

Le Tabac prospère dans tous les pays chauds et tempérés; il demande une terre franche, profonde et fertile : toutes conditions remplies admirablement par le sol et le climat algériens.

Les méthodes de culture varient, plus ou moins, suivant les climats.

Les semis se font dans le courant de décembre, en pépinière. Les labours préparatoires ont lieu en Mars-Avril; le repiquage, en Avril-Mai. Il se fait généralement au plantoir en lignes ordinairement espacées de 60 à 70 centimètres de manière à former des quinconces.

On pratique un ou plusieurs binages selon la sécheresse.

Quand la tige porte dix à douze feuilles on exécute le pincement de la tête avant l'apparition des fleurs; excepté pour les porte-graines, qu'on a choisis parmi les plants les plus vigoureux.

La cueillette commence en Juillet par les feuilles inférieures qui ont moins de qualité; celles du sommet sont les meilleures,

Les unes et les autres sont portées dans des séchoirs, au grand air; Quand la dessiccation est complète on les réunit en paquets appelés Manoques.

Toutes ces dernières opérations sont généralement faites par les femmes et les enfants, pendant l'été, c'est-à-dire au moment où tous les autres travaux agricoles sont interrompus.

La culture du Tabac facilite les assolements en ce

qu'elle nécessite une fumure, plusieurs labours et binages et produit ainsi un ameublissement notable du sol; ce qui est à considérer en Algérie.

Elle est en outre très-rémunératrice, surtout si le cultivateur s'applique à des espèces de qualité supérieure et donne tous ses soins aux produits.

C'est une ressource précieuse, en raison de la facilité de la vente, des livraisons et du paiement.

Certaines parties de l'Algérie notamment les arrondissements de Bône, Philippeville, Guelma, Bougie produisent des tabacs supérieurs vendus à la Régie 100 et même 120 fr. les 100 kilog.

Le tabac renommé et connu sous le nom de Chebli est récolté dans la Mitidja.

Le rendement moyen est de 15 quintaux à l'hectare en bonne culture et 8 à 10 quintaux en culture ordinaire.

L'Algérie est assimilée aux quelques départements français où la culture du tabac est libre.

LA VIGNE

La viticulture tient un des premiers rangs dans la culture algèrienne. Depuis quelques années surtout les plantations de vigne ont pris une extension considérable. Partout où le Français va s'établir, son premier soin est de planter ce précieux végétal.

C'est qu'en effet le climat et le sòl de l'algérie sont excessivement favorables à la vigne, aussi bien en plaine que sur les coteaux.

En 1850, la vigne couvrait 792 hectares, en 1888 on en comptait 119, 340 hectares; et les plantations continuent avec une fiévreuse activité.

La province d'Oran tient le premier rang, ensuite celle d'Alger et en dernier lieu celle de Constantine.

Ce remarquable mouvement a pour principale cause la malheureuse situation des vignobles français.

Depuis 1870, les vignerons du midi de la France découragés ou ruinés par le phylloxera, ont immigré en grand nombre en Algérie et ont planté la vigne d'après les méthodes acquises par une expérience plus que séculaire; les résultats obtenus, dont on trouve de nombreux spécimens à l'exposition de 1889, prouvent que l'Algérie présente, dans la culture viticole, une source inappréciable de richesses.

Dans presque toutes les parties du Tell, la vigne ne craint pas les gelées. Les orages avec grêle sont peu nombreux et en raison du petit volume des grêlons, ne peuvent causer de dégats importants. Les pluies et les brouillards sont rares à partir de juin, la coulure n'est donc pas à redouter au moment de la floraison. Le climat permet au raisin d'arriver toujours à maturité. Ce sont des avantages qu'on rencontre trop rarement, hélas! dans les vignobles français.

Nous avons dit que le sol tellien était généralement argilo-calcaire, argilo-siliceux, et surtout riche en humus et en azote. Il est par-conséquent très favorable à la viticulture. Aussi trouve-t-on des vignobles florissants sur tous les points du Tell et à presque toutes les altitudes.

Le choix du terrain est donc facile.

PLANTATION ET CULTURE DE LA VIGNE

Quand on se trouve en présence d'un terrain inculte, couvert de broussailles ou de palmiers nains, le défrichement forme la première opération. Sauf de rares exceptions, la dépense, à cet effet, peut-être évaluée en moyenne à 100 fr. l'hectare.

On a remarqué que les terrains nouvellement défrichés, sur lesquels on faisait une année ou deux de céréales, avant la plantation de la vigne, procuraient à celle-ci une végétation plus vigoureuse.

Le défoncement du sol, est une opération essentielle; bien fait il assure le succès du vignoble. Il s'effectue soit à la pioche, soit à la charrue dite défonçeuse.

Dans les petits vignobles ou sur les coteaux à pentes quelque peu rapides, le premier système seul est employé.

Quelques vignerons *défoncent entièrement* le sol à une profondeur de 50 à 60 centimètres. Cependant, dans les terres légères surtout, on peut se contenter, pour chaque plant, de creuser une fosse de 50 centimètres en tous sens. On fait ainsi une économie de temps et d'argent.

Le défoncement par animaux de trait ou à vapeur est généralement employé dans les vignobles importants et en plaine. Il a l'avantage de pouvoir se faire en toutes saisons, même en été, époque la plus favorable à la destruction du chiendent et à l'ameublissement de la terre.

Son prix de revient varie de 250 à 350 fr. l'hectare.

Deux hersages énergiques pratiqués aussitôt les premières pluies d'octobre donnent au sol la friabilité nécessaire.

La plantation se fait en Janvier-Fèvrier, plus rarement

en Mars et Avril. Plusieurs procédés sont usités : *à la barre à mine, au moyen de fossés, et au pal ou pied de biche.* Les lignes sont espacées de 2 mètres, et les plantes sur les lignes de 1 m.20 à 1 m. 50.

Quel que soit le mode employé, il est urgent de ne laisser aucun vide au pied du plant, qui doit être sur tous les points en contact avec la terre bien ameublie.

En Kabylie et en Corse, on pratique la culture en Chaintres qui donne de bons résultats.

DU CHOIX DES PLANTS OU SARMENTS

Des vignerons autorisés préfèrent les simples sarments aux plants enracinés.

Le cadre restreint de notre brochure ne nous permettant pas d'entrer dans tous les détails, de ces différents systèmes, nous dirons seulement que les frais de plantation varient de 40 à 100 fr. l'hectare.

Les sarments valent de 10 à 12 fr. le mille, et comme on compte 5 à 6,000 pieds à l'hectare, la dépense est donc de 50 à 60 fr.

Le choix des plants à une importance capitale puisque le rendement et surtout la qualité des produits en dépendent pour toute l'existence du vignoble.

Presque toutes les variétés de choix se trouvent dans les centres viticoles.

A Staouéli, les cépages employés sont :

1° *L'Espar ou Mourvèdre de Provence* qui ne craint pas les mauvais temps, donne un raisin noir et un vin coloré; 15 à 20 pour cent des plants à l'hectare.

2° *Le Carignan*, raisin noir, très-productif, vin coloré et de bonne qualité. Un tiers des plants employés.

3° *Le Morastel*, très-rustique, raisin noir riche en couleur; 15 à 20 pour cent à l'hectare.

4° *L'Aramon*, très-productif, préfère le sol frais des plaines, craint la gelée, vin clair.-10 pour cent des plants à l'hectare.

Pour les vins de coupages on recommande, *le petit Bouschet*; 80 pour cent; et le *Mourvèdre* ou *le Morastel*, 20 pour cent.

Les Cépages les plus répandus pour les vins blancs, sont: *la Clairette* et *l'Œil de chien*. Le premier ne réussit point dans les terres légères.

Quant aux raisins de table on donne la préférence au *Chasselas* , à la *lairette de Provence*, à la *Madeleine*.

TAILLE ET LABOURS

La taille ne diffère pas sensiblement de celle pratiquée dans les vignobles similaires français.

La dépense peut-être évaluée à l'hectare, 8 à 10 fr. la première année; 12 à 14 fr. la seconde; 18 à 20 fr.. la troisième; et 25 à 30 fr. les années suivantes.

En raison du climat de l'Algérie, le premier labour, en janvier février doit être assez profond, 15 à 20 centimètres afin d'ameublir convenablement la terre : la plantation en lignes permet ce travail à la charrue.

Le second labour a lieu en avril, avant la floraison,il se fait en âdos sur rangs de ceps.

Le troisième a lieu en Juin - Juillet. C'est un simple

binage qu'on fait généralement avec le scarificateur.

Ces trois labours ne sont pas de règle absolue. Le vigneron, soucieux de ses intérets, ne laisse pas croître les herbes et surtout le chiendent dans ses vignes; il fait tous les binages nécessaires.

Quant à l'ébourgeonnement, au pinçage et au rognage; ce sont des opérations vulgaires, qu'aucun vigneron ne doit négliger. La vigne paye au centuple les soins qu'on lui donne.

La vendange se fait en Juillet Août, suivant la nature des cépages et le degré de maturité du raisin.

FABRICATION DU VIN

La vinification est l'opération peut-être la plus importante dans un vignoble; elle exige des soins assidus desquels dépendent la qualité et la conservation du vin.

Beaucoup de vignerons français ont cru pouvoir employer les méthodes de leur pays, sans tenir compte des différences climatériques. Ils ont ainsi obtenu des produits défectueux ou médiocres qui ont nui à la réputation des vins algériens.

Il faut surtout éviter une fermentation trop prompte et discontinue. Pour cela l'un des meilleurs procédés consiste à laisser le raisin cueilli dans des corbeilles larges et peu profondes, placées en plein air et dans des lieux frais. Mettre en cuve et écraser les raisins quand la température a baissé, c'est à dire au milieu de la nuit. La température de 20 à 22° est la plus favorable à une fermentation normale. La disposition et la construction des caves ont donc une grande importance en Algérie, aussi bien pour le petit vigneron que pour le grand viticulteur.

L'emploi des cuves ou des foudres fermés ne parait pas avoir une grande influence sur la fermentation.

Les deux systèmes ont été employés à Staouéli sans donner de résultats bien différents.

Les systèmes des foudres est plus économique en ce sens qu'il évite un double matériel; les mêmes vaisseaux servent à la fabrication et à la conservation du vin.

La fermentation dure, en général, de 40 à 60 heures. Il est de toute nécessité de faire chaque cuvée sans discontinuité. La plus grande propreté doit exister aussi bien pour la cave ou le cellier, que pour les cuves, foudres, pressoir; etc, .

Il serait trop long d'entrer ici dans les détails du décuvage, du pressurage, de la mise en fûts, du soutirage, du collage, du filtrage, etc, en un mot sur tous les soins à donner au vin; faute de quoi la qualité, est compromise et par suite la vente. Il existe des ouvrages spéciaux à l'Algérie, écrits par des hommes expérimentés. Tout nouveau vigneron fera bien de les consulter.

Le vigneron a intérêt à vendre, dans le plus bref délai, ses vins de consommation courante; il évite ainsi les frais d'achats de fûts et de construction; l'installation d'un simple cellier lui suffit.

FRAIS DE CRÉATION D'UN VIGNOBLE

Les frais de création d'un vignoble varient nécessairement en raison de l'étendue des plantations. Le Colon qui plante par lui-même, au fur et à mesure des ressources et du temps dont il dispose, ne tient pas compte du travail qu'il fait avec l'aide de sa famille.

Quant aux grandes plantations, elles exigent un capital assez important,

Le prix de revient moyen à l'hectare peut être établi comme suit :

Défrichement	100 fr.
Défoncement et hersages . .	300 fr.
Plants et sarments	50 fr.
Plantation	50 fr.
Culture 1re année	100 fr.
— 2e et 3e année	200 fr.
Total	800 fr.

Dès la quatrième année la récolte couvre et au-delà les frais de culture.

Pendant 10 à 12 ans, les vignes algériennes n'ont pas besoin de fumure. Et à Staouéli des plantations datant de 35 ans, jouissent encore d'une belle végétation, le rendement seul a diminué.

PRODUCTION

La quantité et la qualité de la production varient suivant la nature et l'exposition du terrain, les espèces de ceps, et les soins donnés à la vigne.

Les vignobles de plaine et de terres d'alluvions donnent de 80 à 120 hectolitres à l'hectare d'un vin vendu de 15 à 25 fr. l'hectolitre. Les plantations de côteau, produisent de 40 à 60 hectolitres, mais le vin de qualité supérieure est vendu 30 à 50 fr. l'hectolitre.

D'une façon générale on peut affirmer que la vigne algérienne de plein rapport, donne un *bénéfice net* de 500 à 1,000 fr. par hectare.

C'est en présence de pareils résultats que les vignobles prennent en Algérie une extension et une importance de plus en plus grandes. Chaque année on compte de 15,000 à 20, 000 hectares de plantations nouvelles. Et les terrains propres à la culture de la vigne sont loin d'être utilisés.

La prospérité de la viticulture algérienne est donc assurée, un avenir brillant lui est réservé, et bientôt l'Algérie sera le principal cellier de la France et même de l'Europe.

PLANTES POTAGÈRES ET LÉGUMINEUSES

PRIMEURS

Sur tout le littoral et particulièrement dans le voisinage des chemins de fer ou à proximité des ports, la culture maraîchère et des primeurs a pris un développement considérable. Ses produits sont l'objet d'un commerce d'exportation, très-important avec Marseille, Lyon et Paris.

Le climat et la qualité exceptionnelle du sol favorisent cette culture qui est d'ailleurs largement rémunératrice.

La plupart des légumes qui exigent la serre en France, viennent, même en hiver, en pleine terre en Algérie. La plaine de la Mitidja et les environs d'Alger sont couverts de jardins potagers. On y récolte les primeurs à une époque où la France est couverte de neige. Dès le mois de Janvier, les colons jardiniers expédient aux ports d'embarquement les petits pois, les haricots verts, les choux-fleurs, les pommes de terre, etc.

La culture *des pommes de terre* mérite toute l'attention du colon, même simple cultivateur. On obtient facilement deux récoltes;la première en Décembre-Janvier,la seconde en Juin-Juillet, et dans les terrains favorables on arrive même à trois et quatre récoltes par an.Le rendement s'élève jusqu'à 300 hectolitres à l'hectare, qu'on vend couramment 3 à 4 fr. l'hectolitre.

Les *Patates* sont aussi d'un très-bon rapport; elles se vendent facilement, sur les marchés 15 centimes le kilog. Elles contiennent de 15 à 16 pour cent de fécule et 4 à 6 pour cent de sucre. Les Arabes mélangent la pulpe de ce tubercule avec la farine et en font du pain. Ses fanes, très-nutritives, peuvent servir à la nourriture des bestiaux. Cette plante s'accommode de toute espèce de terrains; néammoins elle donne de meilleurs résultats dans les terres profondes, argilo siliceuses. On obtient 300 et 350 quintaux à l'hectare.

Le *Caroubier* mérite aussi l'attention du cultivateur, ses fruits appelés caroubes ou carouges ont jusqu'à 30 centimètres de longueur. Les bestiaux en sont très-friands, ils les mangent avec avidité et s'engraissent facilement avec cette nourriture. La pulpe qui est rougeâtre et d'un goût sucré peut servir à la nourriture de l'homme. Chaque caroubier peut donner quatre sacs de fruits par an.

ARBRES FRUITIERS - VERGERS

Tous les arbres fruitiers cultivés en France, réussissent dans le Tell, sur tous les points irrigables dont l'altitude ne dépasse pas 5 à 600 mètres.

L'Oranger et le mandarinier sont l'objet d'une cûlture spéciale, très-importante. Les oranges de Blida, Bouffarik, Cherchell et Koléa sont renommées.

La fécondité de certaines espèces d'orangers est prodigieuse; elle atteint 15 et 20000 fruits par arbre. Chaque pied d'oranger produit net 15 à 20 fr. et l'hectare donne un revenu de 1500 à 2000 fr.

Le Citronnier, autre arbuste de la même famille que l'oranger, a sa place marquée dans la culture algérienne.

En dehors de la vente des citrons; on peut encore retirer les zestes des fruits. Il faut de 12 à 15 kilog. de citrons pour obtenir 1 kilog. de zeste valant 20 à 30 fr. Les zestes d'oranges sont généralement vendus 15 à 20 fr. le kilog.

Les feuilles et les fleurs d'orangers desséchées sont vendues aux herboristes et aux pharmaciens. Tout le monde connaît leurs propriétés calmantes. On en fabrique aussi l'eau connu sous le nom d'eau de fleurs d'oranger : la meilleure provient des feuilles et fleurs du bigaradier.

L'Olivier croît presque partout à l'état sauvage. On le greffe pour avoir des produits convenables. L'olivier constitue la principale richesse de la Kabylie. Il est l'objet de nombreuses exploitations dans les arrondissements de Tlemcen, Bône, Guelma, Bougie. Sa culture est très-simple et ne demande qu'un peu de main d'œuvre. C'est l'arbre par excellence de l'Algérie. Sa culture seule peut-être une source de fortune pour le Colon.

L'olivier de rapport produit en moyenne 15 à 20 décalitres d'olives valant de 0 fr. 75 à 1 fr. le décalitre. Le grenadier, le caroubier, l'amandier, le pistachier, viennent très-bien dans le Tell.

Les cerisiers. pêchers, poiriers, pommiers, noyers, amandiers .etc. . se trouvent en grande quantité dans les arrondissements de Médéa, Miliana et Tlemcen.

Le figuier est surtout cultivé en Kabylie où il est l'objet d'un commerce d'exploitation assez important, chaque arbre donne 4 à 5,000 fruits par an.

PRAIRIES NATURELLES OU ARTIFICIELLES

PLANTES FOURRAGÈRES

Comme nous l'avons dit, un simple labour fait après la récolte d'une céréale, procure une prairie naturelle qui a pour but de *reposer la terre*. Ce système de jachère sera obligatoire tant que l'assolement n'aura pas été régulièrement établi par une culture intensive. De cet état de choses, il résulte que l'élevage du bétail fait partie essentielle de la culture algérienne, il est une des bases de prospérité pour le colon agriculteur, qui cependant le néglige généralement. Cependant, cette facilité avec laquelle on obtient des prairies naturelles donnant une herbe abondante à partir du mois de novembre, rend peu coûteux l'élevage du bétail et permet en plus la production du foin dont la vente est facile. On obtient sans frais 25 à 30 quintaux de foin à l'hectare.

On peut encore se procurer du fourrage en abondance, en semant, sur un simple labour, aussitôt les premières pluies d'automne, des *vesces* et de *l'avoine* mélangées. En Avril et Mai on a 50 à 60 quintaux d'excellent fourrage à l'hectare. En terres légères facilement irrigables, *la luzerne* donne 6 et même 8 coupes par an, produisant 200 à 250 quintaux vendus 4 fr. le quintal. En terres sèches elle produit encore 80 quintaux. Les terres fortes sont moins favorables, les herbes qui y croissent en abondance étouffent la luzerne.

Une espèce à fleurs jaunes croît naturellement sur les Hauts-Plateaux.

Le *sanfoin* demande un terrain calcaire qu'on rencontre rarement en Algérie. L'emploi des amendements pourrait seul en favoriser la culture.

Le *Maïs* donne aussi un excellent fourrage et en grande quantité.

ANIMAUX DOMESTIQUES — ÉLEVAGE

En Algérie, les principaux animaux constituant le bétail d'une ferme ou l'élevage sont : le cheval, le mulet, l'âne, le mouton, le bœuf, la vache, la chèvre et le porc.

Mais l'élevage en grand n'est guère pratiqué que par les Indigènes principalement sur les Hauts Plateaux. Les colons y trouveraient cependant une importante source de revenus et faciliteraient l'assolement de leurs terres.

Trente à quarante millions de moutons trouveraient facilement leur nourriture sur les points élevés du Tell et sur les Hauts Plateaux.

Le département d'Oran surtout, présente de vastes étendues avec marais salants très favorables à l'élevage, notamment dans la Nédionna, la Tafna, dans l'Habra, et le Bas Chéliff, dans les environs d'Oran, de Mostaganem, de de Tlemcen et de Mascara, etc.

En été, au moment où l'herbe leur fait défaut, les Indigènes, qui ne font pas de fourrages descendent sur les marchés avec de nombreux troupeaux qu'ils vendent ou échangent contre des grains.

Il en résulte qu'à cette époque de l'année le bétail est à bon marché.

Le cheval, le bœuf, la vache, valent de 100 à 150 fr. La chèvre et le mouton 10 à 15 fr.

C'est le bon moment pour le colon de faire ses achats.

On trouve en Algérie trois variétés de chevaux, le *Saharien*, le *Barbe* et le *Tunisien*.

Le premier est petit de taille, bien proportionné, poitrine large et belle encolure.

Le second constitue la race algérienne: on le trouve dans toute la contrée.

Le tunisien est de haute taille : il a le corps bien pris, les muscles puissants, les membres forts. Il est assez répandu dans les plaines de Chéliff et de Sétif. C'est le cheval de remonte de la gendarmerie.

La *Stud-Bock*, institution datant de 1886 a pour but la conservation et l'amélioration de l'excellente race barbe.

Les dépôts de remonte sont à Blida, Mostaganem et à Constantine.

Les chevaux pour officiers valent de 700 à 1,000 fr.; pour la troupe 5 à 600 fr. - Les poulains étalons 800 à 1,000 fr.; les mulets 5 à 600 fr.

Le Bœuf est surtout une bête de trait. Achetés en été, et mis en pâturage pendant l'automne et l'hiver les bœufs et les vaches sont vendus 170 à 200 fr. c'est-à-dire avec un bénéfice de 50 à 60 fr. par tête.

Les Bœufs de Guelma, de Souk-Ahras, de Tébessa et d'Aïn-Béïda sont recherchés. La vache de Guelma est la meilleure laitière et la plus répandue; cependant la race tarine et la vache suisse s'acclimatent assez facilement.

On trouve deux espèces de moutons : l'espèce dite algérienne qui donne 1 kilog 500 à 2 kilog de laine valant 1 fr. 40 à 1 fr. 50 le kilog; le mérinos en donne 2 k^{os} à 2 k^{os} 500 valant 2 fr. à 2 fr. 50 le kilog. Les agneaux d'un mois sont vendus 10 à 14 francs l'un. Les moutons de 2 ans fournissent 20 à 25 kilog de viande et sont vendus 25 à 30 fr.

La queue de l'espèce à grosse queue produit une graisse avec laquelle les Arabes préparent le couscous.

Moudjebeur possède une bergerie modèle.

L'élevage du porc donne de bons résultats, il a surtout pour but la reproduction. Les porcs sont conduits au pâturage comme les moutons. L'engraissement est moins rémunérateur. La truie fait à chaque portée 8 à 10 petits qui à deux mois se paient 12 à 15 fr. par tête. A l'âge d'un an, on les vend facilement de 50 à 60 fr. les 100 kilog. poids vif. Les chèvres pullulent en Algérie et sont presque un fléau. Cependant leur lait remplace celui de la vache et peut servir à faire d'excellents fromages qui n'ont rien à envier à ceux du Mont d'or.

L'Algérie possède tous les oiseaux de basse-cour. Le gibier de toute espèce y est très-abondant.

On trouve sur le littoral toutes les sortes de poissons des côtes de la Provence.

Le Jardin d'essai cherche le moyen pratique de domestiquer *l'autruche;* s'il réussit, c'est un nouvel élément de fortune pour toute l'Algérie.

APICULTURE

Nous avons dit que la culture des *Abeilles* n'était guère pratiquée que par les Indigènes qui possèdent plus de 200000 ruches, et les Européens moins de 15000 ruches. Cependant l'établissement de ruches n'est pas bien coûteux, l'entretien est facile et les produits en miel et en cire peuvent augmenter, sans grands frais, le budjet des recettes du colon et lui fournir un aliment sain et agréable. Les nombreuses plantes aromatiques qui couvrent l'Algérie fournissent une nourriture succulente aux abeilles et assurent la qualité du miel.

Staouéli qui possède 400 petites ruches en retire en moyenne 1200 kilog de miel valant 3fr. le kilogr. et en plus la cire pour l'usage de l'Abbaye.

SÉRICICULTURE

La culture des vers à soie n'a pas l'importance que lui assigne le climat excessivement favorable de l'Algérie, qui permet d'élever les bombyx en plein air dans une grande partie du Tell.

Quand cette branche de l'Industrie aura la place qu'elle mérite en Algérie, nul doute que les Colons en retirent grand profit.

PLANTES TEXTILES

L'Industrie n'existant pour ainsi dire point, en Algérie, la culture des plantes textiles y est peu développée. *Le lin*, particulièrement celui de Riga et celui d'Italie et le *chanvre* y croissent cependant avec la plus grande facilité; on les cultive seulement pour la graine; les difficultés du rouissage n'ont pas encore permis d'utiliser la plante.

Néanmoins le lin peut rapporter 500 fr. par hectare.

Dans les environs de Bône, on cultive une variété de chanvre qui sert à fabriquer le *Hachich* produit d'un usage journalier chez les Arabes et les Orientaux.

La *Ramie* ce textile importé de l'Australie est appelée à un grand avenir. Sa culture est facile: un léger binage au printemps, irrigations après chaque coupe et fumure tous les 2 ou 3 ans. Cent plants par hectares permettent d'arriver à un rendement de 200 à 250 quintaux valant 2 fr. 50 à 3 fr. le quintal. Malheureusement, l'industrie n'a pu encore trouver un moyen facile et pratique pour le teillage et le dégommage de cette plante.

ALFA

L'Alfa est une graminée très-répandue dans le Tell et qui couvre les 7/10 des Hauts Plateaux où elle forme des *mers d'alfa* et est une source de richesses pour cette immense contrée.

L'alfa se plaît surtout dans les terrains calcaires; on le récolte en Juillet; le prix moyen de la tonne est de 140 fr. On l'emploie dans la fabrication du papier et des objets de sparterie, tresses, cordages, etc. , etc. C'est un produit d'exportation surtout avec l'Angleterre.

En 1887 on a affermé 1,248,852 hectares d'alfa qui ont produit 2,240,020 quintaux.

La Compagnie algérienne a le droit exclusif d'exploitation sur 300,000 hectares d'alfa dans la région de Saïda.

Le département d'Oran occupe le premier rang pour cette culture. Le salaire journalier pour l'Européen est de 5 à 6 francs.

PLANTES OLÉAGINEUSES

La culture du lin a donné lieu à quelques essais isolés.

Le *ricin* croît naturellement en Algérie.

Les *sésames* sont peu cultivés; cependant les qualités de choix donnent de beaux bénéfices. Le rendement à l'hectare peut être de 20 à 30 quintaux valant 30 à 40 francs le quintal à Marseille.

PLANTES TINCTORIALES

La garance, l'indigotier, le nopal, le sumac, la noix de galle réussissent très-bien.

Mais le *Henné* seul est assez répandu on le trouve surtout aux environs de Blida. Les femmes indigènes en font une couleur brun-orange avec laquelle elles se teignent le bout des ongles et la paume des mains.

Les industriels lyonnais en tirent un produit estimé pour la teinture en noir des étoffes de soie.

Le henné vaut 150 à 200 francs le quintal. La récolte de la première année couvre les frais; les années suivantes l'hectare produit 2,500 fr à 3,000 francs.

PLANTES ODORIFÉRANTES

Le *Jasmin, le cassis, la menthe, le rosier, le thym*, etc., donnent lieu à des cultures importantes, notamment aux environs de Cheragas, Boufarik, Blida et à Staouéli.

Mais la culture par excellence est celle du *géranium*. A Staouéli on en fait 30 hectares. Le géranium vient bien dans tous les sols. Les sols argileux, les terrains fortement fumés produisent plus de feuilles à l'hectare, mais moins d'essence pour 100 kilog. Les terres sablonneuses, légères, rendent moins de feuilles; mais celles-ci sont plus riches en essence.

La meilleure espèce est le *géranium rosat*. On obtient sa multiplication par boutures de septembre en décembre à raison de 40,000 pieds à l'hectare. On fait trois cueillettes par an, en Avril, en Juillet, et en Octobre. La plus riche en essence est celle de Juillet, elle est la moins productive en feuilles.

Suivant la saison et le terrain, il faut de 700 à 1,500 kilog de feuilles pour obtenir 1 kilog d'extrait. Le géranium dure 10 ans, pendant lesquels, il donne un *bénéfice net* moyen de 600 fr. à l'hectare et par an.

PALMIER

Le Palmier dattier qu'il ne faut pas confondre avec le palmier nain, ne se rencontre guère que dans les Oasis et sur les confins du Sahara.

Un hectare de palmier peut rapporter de 60 à 70 quintaux de dattes valant sur les lieux de 20 à 25 fr. le quintal.

La Société de Batna a plusieurs plantations importantes qui lui donnent de magnifiques résultats.

FORÊTS - CHÊNE - LIÈGE

Au moment de la conquête,en 1830, l'algérie comprenait de vastes régions boisées, et d'immenses étendues couvertes de broussailles, de lentisques, de palmiers-nains etc. En été, il n'était pas rare de voir des incendies couvrant plusieurs lieues carrées allumés par les Arabes dans le seul et unique but de produire une végétation et de jeunes pousses pour leurs troupeaux au printemps suivant.

Ces incendies,quoique plus rares,se renouvellent encore trop fréquemment, sans qu'il soit toujours possible d'en connaître les auteurs et d'en déterminer la cause.

Il en résulte un déboisement qui a un moment donné pourrait modifier la situation climatologique et nuire à l'agriculture. Le Gouvernement s'en préoccupe,une société s'est formée dans le but de provoquer la reconstitution des forêts.

Parmi les nombreuses essences qu'on rencontre dans les forêts d'Algérie, la plus intéressante au point de vue industriel est le chêne-liège.

Les forêts de chêne-liège occupent dans le Tell une superficie d'environ 400.000 hectares sur 3.247.692 hectares que comptait le sol forestier en 1887. Près de 150.000 hectares ont été concédés à des particuliers en toute propriété.

Le démasclage effectué par le service forestier pendant la même année a porté sur 1.151.567 arbres et a produit 593.796 francs, pour 9.416 hectares parcourus.

Disons aussi quelques mots sur l'*Eucalyptus*.

Ce végétal importé d'Australie comprend un grand nombre d'espèces, parmi lesquelles il faut citer: l'*Eucalyptus résinefera* ou *rostrata* et l'*Eucalyptus colossa* qui ont un bois lourd, dur, d'une couleur rouge plus ou moins foncé, et susceptible d'un beau poli.

D'autres espèces ont un bois léger, tenace, comme le tremble.

La rapidité de leur croissance, aidée par un sol privilégié, est surprenante. Il n'est pas rare de trouver des eucalyptus de 8 à 10 ans mesurer 1 m. 50 de circonférence et 25 à 30 mètres de hauteur.

Le bois a la propriété de durcir quand il est soumis à l'action de l'eau de mer, ce qui en fait un arbre précieux pour la construction des navires. Beaucoup de colons l'utilisent dans la charpente et pour la construction du matériel agricole, chariot, voitures, charrues etc.

Il jouit d'une propriété bien plus précieuse encore. Les plantations d'eucalyptus ont partout assaini les contrées les plus malsaines et les plus redoutées pour leurs fièvres meurtrières. Grâce à ce végétal bienfaisant, les fièvres paludéennes ont disparu et la terrible malaria a été vaincue.

Et, sauf de bien rares exceptions, toutes les parties de l'Algérie sont devenues habitables et d'une salubrité parfaite pour les Européens.

TABLE DES MATIÈRES

Paris. Imp. Métropolitaine, 48, fg. Saint Denis.

www.ingramcontent.com/pod-product-compliance
Ingram Content Group UK Ltd.
Pitfield, Milton Keynes, MK11 3LW, UK
UKHW012249240726
13966UKWH00004B/1352